Nurliyana Athirah
Ang Kean Hua

Gestão do óleo de cozinha nos operadores de cafetaria

Nurliyana Athirah
Ang Kean Hua

Gestão do óleo de cozinha nos operadores de cafetaria

ScienciaScripts

Cover image: www.ingimage.com

This book is a translation from the original published under ISBN 978-3-659-82361-9.

Publisher:
Sciencia Scripts
is a trademark of
Dodo Books Indian Ocean Ltd. and OmniScriptum S.R.L publishing group

120 High Road, East Finchley, London, N2 9ED, United Kingdom
Str. Armeneasca 28/1, office 1, Chisinau MD-2012, Republic of Moldova, Europe
Managing Directors: Ieva Konstantinova, Victoria Ursu
info@omniscriptum.com

Printed at: see last page
ISBN: 978-620-8-51346-7

ÍNDICE

Resumo

Foi realizado um inquérito preliminar sobre a gestão dos óleos alimentares usados nas cantinas da Universidade da Malásia, em Kuala Lumpur. O objetivo deste inquérito é conhecer a atitude dos inquiridos relativamente à sensibilização para a gestão adequada dos óleos alimentares usados. Foram colocadas sete perguntas aleatórias às 20 cafetarias da Universidade da Malásia, que incluem cafetarias situadas na zona residencial dos estudantes, nas faculdades e nas áreas de convívio dos estudantes. Os dados foram recolhidos através de visitas ao local e de entrevistas presenciais. 90% dos operadores do sector alimentar gerem um negócio de comida malaia, enquanto 10% gerem outro tipo de negócio alimentar. Verificou-se que 45% das 20 cafetarias consumiam 21-30L de óleo por dia. Além disso, o resultado mostrou que 75% dos inquiridos utilizaram o óleo alimentar 2-3 vezes antes de o deitarem fora. A percentagem mais elevada de método de eliminação do óleo alimentar usado pelos inquiridos foi de 50%, despejando o óleo alimentar usado diretamente no lava-loiça ou no esgoto. Entretanto, 35% dos inquiridos deitaram fora o óleo alimentar usado, considerando-o um resíduo normal. No entanto, 15% dos inquiridos que estão sensibilizados vendem os seus óleos alimentares usados a algumas empresas de reciclagem ou de tratamento de resíduos. 50% dos operadores de cafetaria não reconhecem que a utilização repetida de óleo alimentar é prejudicial. Apenas 20% dos operadores de cafetarias conhecem os efeitos da utilização repetida de óleos alimentares. Em conclusão, o resultado do inquérito mostrou que existe uma grave falta de conhecimentos e de sensibilização sobre a gestão adequada dos óleos alimentares usados entre os operadores das cantinas da Universidade da Malásia.

Palavras-chave: *saúde, ambiente, segurança, óleo alimentar usado*

CAPÍTULO 1: INTRODUÇÃO

Introdução

Num mundo globalizado, o óleo alimentar é utilizado para a preparação de alimentos. O óleo alimentar é uma gordura vegetal, animal ou sintética utilizada para fritar, cozer e outros tipos de cozinhados. A definição científica de óleo alimentar é a de ésteres de glicerol de ácidos gordos. Os tipos comuns de óleo alimentar utilizados pelos malaios são o óleo de palma, o óleo de amendoim, o óleo de milho e o óleo de girassol. São utilizados como meio de transferência de calor na fritura para produzir alimentos bem cozinhados. O óleo alimentar é normalmente líquido, embora alguns óleos que contêm gordura saturada, como o óleo de coco, o óleo de palma e o óleo de palmiste, sejam sólidos à temperatura ambiente.

Figura 1: Tipo de óleo alimentar comum utilizado pelos malaios

Figura 2: Principais tipos de gorduras e óleos utilizados como óleo alimentar

Type of fat or oil	Products
Animal fats	Lard
	Suet
Vegetable oils	Olive
	Sunflower
	Soya
	Corn
	Cotton
	Rapeseed
	Peanut
Vegetable fats	Palm
	Cabbage palm
	Coconut
Fractions	Cotton stearin
	Palm olein
	Palm stearin
Hydrogenates	Hydrogenated fish oil
	Hydrogenated palm olein
	[illegible]

A Malásia é um dos três maiores exportadores de óleo de palma do mundo.

Cerca de 40% do óleo de palma é utilizado principalmente para fazer óleo alimentar, margarina, gorduras especiais e produtos oleoquímicos. A maior parte do óleo alimentar é feita a partir de óleo de palma. Entretanto, o termo óleo alimentar usado refere-se a óleo alimentar que já não é utilizado na produção de alimentos. Os principais produtores de óleo alimentar usado são os restaurantes, as bancas de comida, o mercado noturno e as cafetarias. A eliminação do óleo alimentar torna-se um enorme problema porque os alimentos fritos, como o frango frito, as batatas fritas e os hambúrgueres, podem produzir até 15 litros de óleo alimentar usado por dia, sem contar com os restaurantes que fornecem comida malaia. Existem mais de centenas de restaurantes na Malásia e é gerado um volume maior de óleos alimentares usados por dia.

Figura 3: produção de óleo alimentar usado

A produção e o consumo de óleo alimentar fazem com que a quantidade de óleo alimentar usado gerado também aumente. A atribuição de óleo alimentar na Malásia foi registada em 7000 toneladas por mês em 2010 (Akademi Science Government, 2012).

Figura 4: Gráfico do consumo versus afetação de óleo alimentar em 2010

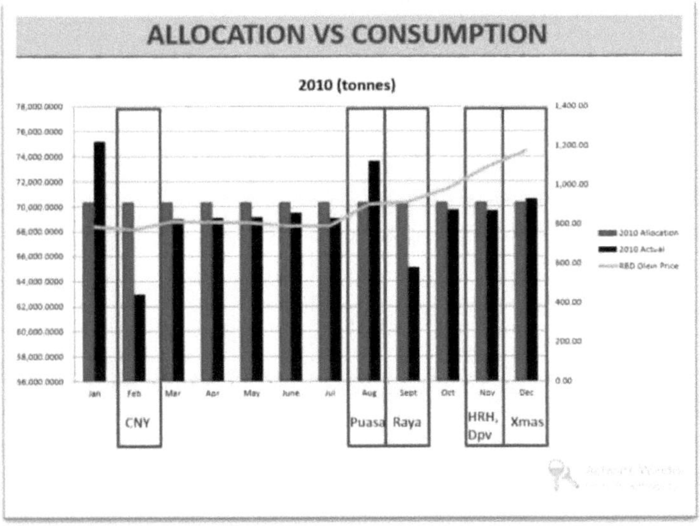

Esta figura mostra a afetação de óleo alimentar versus consumo de óleo alimentar em 2010. Podemos ver que o consumo mais elevado de óleo alimentar ocorreu em janeiro e também no mês do Ramadão, com mais de 73 000 0000 toneladas. Isto deve-se ao facto de, apesar de ser um mês de jejum, muitos restaurantes, hotéis, mercados noturnos ou "Bazar Ramadhan" abrirem à noite para fornecer vários tipos de alimentos. Este é um dos principais factores que explicam o aumento drástico do consumo de óleo alimentar.

Entretanto, de acordo com o relatório Cooking Oil Subsidy da Akademi Sains Malaysia (2012), existem 8 alimentos favoritos dos malaios. O quadro seguinte mostra os 8 alimentos comuns preferidos dos malaios.

Os 8 pratos favoritos dos malaios

Quadro 1: Os 8 principais alimentos favoritos dos malaios

Comida preferida	Óleo por porção (grama)
Nasi Lemak	10
Nasi goreng	10
Kuew teow goreng	15
Mee goreng	10
Caril de frango	5

Pisang goreng	5
Folhado de caril	5
Roti canai	10

Fonte: Akademi Sains Malaysia (2012)

Não inclui a fritura de produtos à base de carne, como o Kentucky Fried Chicken, o McDonald, o Burger King, o "keropok lekor", os bolos de peixe e as salsichas. A maioria da população malaia, especialmente as crianças e os adolescentes, gosta de alimentos fritos devido ao seu sabor, cheiro e textura. A fritura é também uma das formas mais fáceis e económicas de cozinhar.

Apesar de ser produzida uma pequena quantidade de potenciais produtos tóxicos, como compostos polares ou polímeros, durante a fritura, os alimentos fritos são considerados seguros. No entanto, tornam-se tóxicos para o consumo humano se o óleo de fritura for utilizado repetidamente. (Artman, 1969)

Foi referido que os óleos alimentares usados são amplamente produzidos em todo o mundo (Kulkarni e Dalai, 2005). A gestão incorrecta dos óleos alimentares leva à descarga de óleos alimentares usados no ambiente, o que tem consequências para o ambiente e é perigoso para a saúde humana. O aumento da produção de óleos alimentares usados de origem doméstica ou industrial está a tornar-se um problema crescente na Malásia. Os óleos alimentares usados são regularmente despejados diretamente no lava-loiça ou no esgoto, o que causa problemas às estações de tratamento de águas residuais. A gordura, o óleo e as gorduras causam grandes problemas aos esgotos. Quando são deitados fora nos lava-loiças ou nos esgotos da cozinha, provocam entupimentos. Entretanto, causam poluição em ribeiros e rios quando entram nas condutas de águas pluviais. Os óleos e as gorduras podem causar o entupimento dos canos porque aderem às paredes internas e reduzem o diâmetro dos canos de esgoto. Os derrames de águas residuais ocorrem quando a camada é mais espessa. A pior condição é a perturbação das operações normais se o óleo chegar às estações de tratamento de águas residuais e os custos de manutenção e as taxas a pagar pela purificação da água aumentarão (Payri et al., 2004).

Os hábitos alimentares da nação estão a mudar; as pessoas comem fora de casa com muito mais frequência do que no passado. A maioria das pessoas prefere comer fora de casa e isso faz com que o número de empresas do sector alimentar esteja a aumentar. Outro grande problema da população da Malásia, quer no sector doméstico quer no sector alimentar, é a utilização repetida do mesmo óleo de fritura, que se tornou uma prática comum e que se destina principalmente a reduzir os custos ou a limitar o orçamento. Alguns artigos relacionados com este tema quente foram publicados anteriormente, mencionando também a gravidade desta prática para a saúde humana.

De acordo com a revisão da literatura, o óleo só é deitado fora quando se torna espumoso, produz mau cheiro ou quando a cor do óleo usado repetidamente se torna escura (Azman et al, 2012). Além disso, o consumo de óleo alimentar de utilização repetida não é saudável e é prejudicial para os consumidores, porque o óleo alimentar é aquecido a uma temperatura de 170-220 graus Celsius durante a fritura. Após o aquecimento, o óleo alimentar pode sofrer reacções químicas, hidrólise, oxidação e polimerização. Podem formar-se produtos de degradação, tais como ácidos gordos livres, hidroperóxidos e triglicéridos polimerizados. Além disso, a viscosidade do óleo alimentar aumentará, a sua cor escurecerá e desenvolver-se-á também rancidez, dando origem a um sabor desagradável em resultado da oxidação. Um estudo recente revelou que o consumo de óleo alimentar aquecido repetidamente provocou um aumento da pressão arterial e a necrose dos tecidos cardíacos em ratos experimentais. O aumento da pressão arterial devido ao consumo de óleo alimentar repetidamente aquecido pode dever-se a alterações quantitativas nos factores dependentes e independentes do endotélio, incluindo enzimas diretamente envolvidas na regulação da pressão arterial (A. Azman, S. Shahrul e et al, 2011).

A utilização de óleo usado repetidamente pode causar efeitos adversos na saúde humana. No entanto, esta prática torna-se comum entre os malaios sem que estes tenham consciência de que este tipo de óleo pode prejudicar a saúde humana (Kamisah et al, 2012). Muitas comunidades locais não estão conscientes das questões devido à falta de informação e de conhecimentos sobre a gestão dos óleos alimentares usados, especialmente para os operadores de estabelecimentos alimentares, pelo que é necessário tomar medidas para ultrapassar esta situação. No entanto, pode ser reciclado e tem potencial como produtos de valor acrescentado, tais como biodiesel, lubrificantes, biopolímeros ou sabão.

O processo de inquérito também prova os efeitos perigosos dos óleos alimentares usados para a saúde humana e o ambiente. A lei e os regulamentos alimentares da Malásia, de setembro de 2005, não prevêem qualquer disposição ou regulamentação relativa à qualidade dos óleos alimentares. A segurança alimentar, que inclui aspectos de manuseamento e transformação de alimentos, é abordada por um programa específico de segurança alimentar, como o Good Manufacturing Product (GMP). Os países membros procuram o Codex Alimentarius para estabelecer normas ou diretrizes alimentares a nível mundial. No entanto, o Codex ainda não desenvolveu diretrizes para a qualidade do óleo de fritura. (Lei e regulamentos alimentares da Malásia, 2005)

Felizmente, existem grandes potencialidades na reciclagem de óleos alimentares usados, que despertam interesse no processo de recolha para a produção de biodiesel. A transformação do óleo alimentar usado em biodiesel permite, através da reciclagem, gerar uma fonte de rendimento e reduzir a poluição ambiental e a dependência dos combustíveis fósseis. No entanto, tudo tem um risco. O maior risco da reciclagem deste óleo alimentar usado é a sua recolha, principalmente devido aos custos elevados. Para uma empresa ou uma unidade administrativa local que pretenda efetuar a recolha é difícil fazê-lo porque é necessário recorrer a métodos normais de recolha de resíduos (Wang et al, 2006)

Objectivos

1) Determinar o nível de sensibilização dos operadores das cantinas alimentares para uma gestão adequada dos óleos alimentares usados.
2) Investigar a prática dos operadores de cafetarias no que diz respeito à utilização de óleos alimentares repetidos
3) Conhecer o nível de conhecimento dos operadores do sector alimentar sobre a utilização repetida de óleo alimentar para a saúde humana.
4) Investigar o efeito da utilização repetida de óleo alimentar na saúde humana
5) Estudar o potencial da reciclagem de óleos alimentares usados para a produção de biodiesel

Antecedentes da investigação

O estudo foi efectuado em cafetarias de toda a Universidade da Malásia. O número total de cafetarias na Universidade da Malásia era de 39. No entanto, apenas 20 cafetarias foram selecionadas porque são pessoas que estão dispostas a colaborar. Alguns dos proprietários de cafetarias não colaboram. A figura seguinte mostra o mapa das cafetarias da Universidade da Malásia.

Figura 5: mapa das cafetarias da Universidade da Malásia

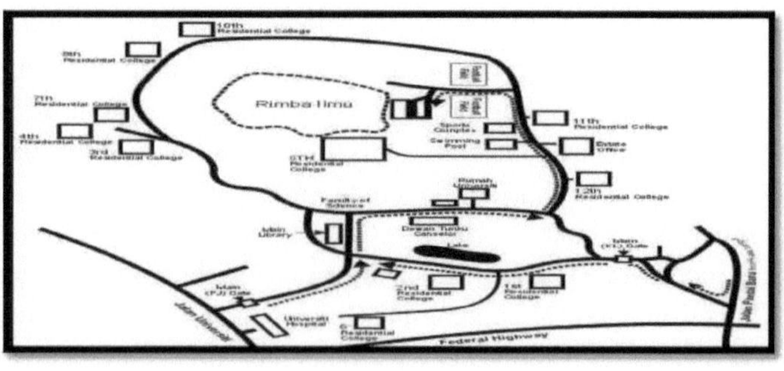

Metodologia

Conceção do estudo

Trata-se de um estudo transversal realizado na área da Universidade da Malásia durante o período compreendido entre o mês de março e abril de 2014. Foram escolhidas para este projeto 20 cafetarias de entre 39 cafetarias.

Quadro 2: dados brutos sobre a localização, o tipo de bancas e o número de bancas na cafetaria da Universidade de Malaya.

Localização	Tipo de bancas	N.º de bancas
Junção de alimentos	Cozinha malaia, pratos quentes. Comida, bebida e bebidas iranianas	5
Aldeia da praça de alimentação	Pratos quentes. Comida iraniana, alimentos fritos. Cozinha malaia	7
Cafetaria Kompleks Ferdana Siswa	Barraca de saladas, barraca de pizzas cozinha ocidental, barraca de pequenos-almoços, barraca de almoços locais	5
12* Refeitório do Colégio Residencial	Cozinha malaia, pratos quentes, ocidental, roti canai. pratos quentes	5
11* Refeitório do Colégio Residencial	pratos quentes, ocidentais. Cozinha malaia	3
10* Refeitório do Colégio Residencial	pratos quentes, ocidental	2
9* Colégio residencial	Pratos quentes	1
S* Colégio residencial	pratos quentes	I
7* Colégio residencial	Char kuew teow. hambúrguer, pratos quentes	3
5* Colégio residencial	Pratos quentes, pratos quentes	2
4* Colégio residencial	ocidental, pratos quentes	2
2"[1] Colégio residencial	Cozinha malaia, pratos quentes	2
1" Colégio residencial	Pratos quentes	1

O inquérito foi distribuído a 20 cafetarias da Universidade da Malásia, em Kuala Lumpur, Malásia, incluindo cafetarias situadas nas áreas residenciais dos estudantes, como a 4.ª faculdade, a 5.ªfaculdade, a 7.ªfaculdade, a 11.ªe a 12.ª faculdades. Algumas das faculdades residenciais não têm a sua própria cafetaria, como a 3ª e a 6ª faculdades. O inquérito também foi realizado na Faculdade de Ciências, na Academia de Estudos Islâmicos e nas áreas de convívio dos estudantes, denominadas Complexo Perdana Siswa, para avaliar a atitude dos inquiridos em relação à sensibilização para a gestão dos óleos alimentares usados. Informações pessoais como a raça, o tipo de atividade alimentar em cada cafetaria e o sexo dos participantes foram registadas como informações suplementares. Foram colocadas a todos os inquiridos as principais questões, tais como o volume de óleos alimentares usados consumidos por dia, a frequência com que os óleos alimentares usados são utilizados repetidamente, o método de eliminação dos óleos alimentares usados pelos inquiridos e o nível de conhecimentos sobre a utilização repetida de óleos alimentares para a saúde humana. O inquérito foi efectuado através de uma visita ao local e de uma entrevista presencial. Os dados foram recolhidos, avaliados, analisados e representados sob a forma de gráficos de pizza.

Figura 6: Barracas de comida no Food Court Village

Figura 7: cafetaria no Kompleks Perdana Siswa

Figura 8: cafetaria do Quinto Colégio Residencial

CAPÍTULO 2: REVISÃO DA LITERATURA

Revisão da literatura

1) Eur J Lipid Sci Techno 2007;109: 289 (Basiron Y, 2007)

Produção de óleo de palma através de plantações sustentáveis.

A maioria da população da Malásia prefere utilizar óleo de palma para fritar. Isto é de esperar, uma vez que a Malásia é atualmente um dos maiores produtores e exportadores mundiais de óleo de palma. Além disso, o óleo de palma é mais barato e está amplamente disponível na Malásia. Outros tipos de óleo de cozinha, como o óleo de soja e o óleo de milho, não são realmente a escolha preferida, provavelmente devido ao seu preço mais caro do que o do óleo de palma. Entretanto, os óleos de soja, de milho e de girassol são mais preferidos na Costa Rica, um país em desenvolvimento da América Latina, apesar de o óleo de palma ser mais barato.

No entanto, o óleo de palma seria a melhor escolha se a prática de utilizar óleo repetidamente para fritar for necessária devido a restrições orçamentais. Isto deve-se ao facto de o óleo de palma poder suportar melhor o aquecimento repetido do que o óleo de soja. Estudos anteriores sugeriram que a composição única do óleo de palma lhe permite suportar melhor o calor do que o óleo de soja. Em primeiro lugar, o óleo de palma é rico em ácidos gordos monoinsaturados (MUFA), mas tem um baixo nível de ácidos gordos polinsaturados (PUFA) em comparação com o óleo de soja. Os AGPI são mais facilmente oxidados do que os AGMI. O aquecimento repetido de óleos vegetais ricos em AGPI resulta na formação de compostos tóxicos que aumentam o risco de hipertensão, ao passo que os óleos ricos em AGMI, como o óleo de palma e o azeite, resistem melhor à oxidação e formam menos produtos de degradação quando são aquecidos. (Serbinova E, 1991)

Em segundo lugar, o óleo de palma é rico na sua capacidade de resistir a alterações oxidativas térmicas. Por conseguinte, o aquecimento repetido dos óleos de fritura pode destruir o teor de vitamina E e expõe os ácidos gordos à oxidação. O teor de vitamina E do óleo de palma consiste principalmente em tocotrienóis, enquanto a principal vitamina E do óleo de soja são os tocoferóis. Os tocotrienóis têm uma melhor capacidade antioxidante do que os tocoferóis. Este facto contribui para uma melhor resistência às alterações oxidativas devidas ao aquecimento repetido do óleo de palma (Kagan, 1991).

2) Medical Journal Malaysia Vol 67 No 1 fevereiro de 2012

(A.Azman, S. Mohd Shahrul, S. X.Chan, A.P Noorhazliza, 2011)

Nível de conhecimento, atitude e prática dos operadores de estabelecimentos alimentares do mercado noturno de Kuala Lumpur relativamente à utilização de óleo de cozinha aquecido repetidamente.

O consumo de óleo aquecido repetidamente pode ser prejudicial para a saúde humana. É uma prática comum nos agregados familiares ou no sector alimentar, especialmente a reutilização do mesmo óleo de fritura mais de 2 vezes devido a restrições orçamentais. A fritura é um processo de fritura em que o alimento é completamente imerso no óleo de fritura na presença de ar e humidade a temperaturas entre 160-190°C. Reacções químicas como a oxidação, a hidrólise e a polimerização térmica ocorrem quando o óleo de cozinha é aquecido durante o processo de fritura.

A qualidade do óleo deteriora-se com o aumento do tempo de fritura devido à formação acelerada de lípidos oxidados e polimerizados no meio de fritura. O óleo alimentar aquecido utilizado com frequência pode causar alterações no aspeto físico do óleo, tais como aumento da viscosidade, escurecimento da cor, aumento da formação de espuma e diminuição do ponto de fumo. A taxa de formação de produtos de decomposição do óleo alimentar depende do tipo de alimento que está a ser frito, do tipo de óleo utilizado e da conceção da fritadeira (Stevenson, 1984).

O consumo de óleo alimentar frequentemente utilizado pode aumentar o risco de desenvolver aterosclerose. Os produtos da peroxidação lipídica induzem stress oxidativo na disfunção endotelial que pode levar à formação de aterosclerose. Além disso, os lípidos oxidados termicamente aumentam a peroxidação das macromoléculas das membranas, contribuindo para a sua mutagenicidade e genotoxicidade, o que pode potencialmente levar à carcinogénese.

(Departamento de Farmacologia, Faculdade de Medicina, Universiti KebangsaMalaysia,2011)

Um estudo recente realizado no seu departamento mostrou que o consumo de óleo de soja que foi reutilizado frequentemente pode causar um aumento da peroxidação lipídica e do LDL em ratas ovariectomizadas (o que estimula um estado pós-menopausa com deficiência de estrogénio em humanos). Outro estudo recente realizado em laboratório resultou num aumento da pressão arterial e na necrose dos tecidos cardíacos em ratos experimentais. O aumento da pressão arterial devido ao consumo de óleo alimentar aquecido repetidamente pode dever-se a alterações quantitativas nos factores dependentes e independentes do endotélio, incluindo enzimas diretamente envolvidas na regulação da pressão arterial (Leong, 2010)

3) Aust N.Z.J Public Health 2002 ; 26(2): 101
(Morley, John J, Swinburn BA, Metcalf PA, 2002)

Qualidade da gordura de fritura e práticas de fritura profunda nos estabelecimentos de fast food da Nova Zelândia

Um estudo realizado na Nova Zelândia mostrou que apenas 8% dos operadores independentes de estabelecimentos alimentares tinham formação formal em práticas de fritura, em comparação com 93% dos operadores de franchising. Esse estudo também revelou que 65% dos operadores de estabelecimentos alimentares inquiridos mudavam o óleo utilizado para fritar pelo menos uma vez por semana, no entanto, muitos deles baseavam-se em sinais tardios de degradação do óleo para decidir substituir um lote antigo de óleo por um novo.

4) Departamento de Engenharia de Produção, Universidade Federal de Santa Maria (UFSM) Av. Roraima 1000 - 97105-900, Santa Maria - RS - Brasil (Carlo Alessandro 2005) Roraima 1000 - 97105-900, Santa Maria - RS - Brasil (Carlo Alessandro, 2005)

O óleo de fritura usado na perspetiva ambiental

A crescente produção de óleo de cozinha usado, proveniente de operadores domésticos e de empresas do ramo alimentício, é um problema de liderança no Brasil e em todo o mundo. Este resíduo é regularmente despejado diretamente na pia ou ralo, resultando em problemas para as estações de tratamento de águas residuais e perda de energia. Além disso, pode ser integrado na cadeia alimentar através da alimentação animal, tornando-se assim uma causa potencial de problemas de saúde humana (Costa Neto et al, 2000).

Atualmente, a maior parte do óleo alimentar usado é despejado no sistema de esgotos das cidades. Este facto contribui para a poluição dos rios, lagos, mares e águas subterrâneas, o que é muito prejudicial para o ambiente e para a saúde humana (Hamasaki et al, 2001). Além disso, os óleos e as gorduras podem causar o entupimento dos canos porque aderem às paredes internas e reduzem o diâmetro efetivo dos canos de esgoto. Se esta camada se tornar mais espessa, pode provocar derrames de águas residuais. Por outro lado, se o óleo chegar ao tratamento das águas residuais, perturba as operações normais e aumenta tanto os custos de manutenção como as taxas a pagar pela purificação da água (Payri et al, 2004).

A maioria das famílias prefere colocar os óleos alimentares usados numa garrafa de plástico, fechá-la e colocá-la no lixo. O lixo é separado e as garrafas serão abertas e despejadas num local apropriado em vez de serem despejadas nos esgotos. Esta é uma prática alternativa porque evita gastos desnecessários com o tratamento nas estações de esgotos.

Apenas uma pequena parte dos óleos alimentares usados é corretamente recolhida e reciclada, especialmente nas zonas rurais (Groschen, 2002). Nesta situação, o fabrico de biodiesel pode ser uma opção alternativa para reutilizar os óleos alimentares usados.

5) Jornal Internacional de Biomoléculas e Biomedicina (Manoharan Sivananthan et all, 2013)

Factores que podem afetar a qualidade do óleo alimentar durante o aquecimento (Jaarin et al, 2011)

De acordo com um grupo de investigadores, estes afirmaram que podem ser incluídos vários factores como a ventilação, a temperatura e a duração do aquecimento durante o processo de fritura, o tipo de óleo, o rácio de saturação do óleo e a presença de um catalisador/antioxidante. Isto conduzirá a alterações nos ácidos gordos, que se convertem do isómero cis para o isómero trans quando o óleo é utilizado repetidamente a altas temperaturas (> 180°C). A partir de uma investigação conduzida por estes investigadores, verificou-se que o consumo crónico de óleos de palma e de soja aquecidos durante 24 semanas conduziu a um aumento significativo da pressão arterial. Isto provou que a utilização de óleo de cozinha aquecido repetidamente pode causar problemas de saúde humana. Os radicais livres são gerados e os níveis de vitaminas e antioxidantes são reduzidos quando este óleo é aquecido repetidamente, o que leva ao stress oxidativo (Jaarin et al.,2011)

Os óleos vegetais utilizados para cozinhar contêm uma excelente fonte de vitamina E numa concentração entre 15 e 49 mg de equivalentes de a-tocoferol/100g. O processo de oxidação dos ácidos gordos insaturados leva à perda de vitamina E durante o aquecimento. O alimento está a absorver o óleo de fritura. A quantidade de óleo absorvida pelos alimentos baseia-se na qualidade do óleo utilizado no processo de cozedura, o que afecta a quantidade de ingestão líquida de vitamina E. (Ghidurus et al.,

2010)

6) Compostos polares totais e valores de acidez de óleos de fritura usados repetidamente medidos por métodos padrão e rápidos. (Wei-An Chen et al, 2013)

A fritura é normalmente utilizada para a preparação de alimentos, tais como alimentos fritos congelados, snacks e alimentos rápidos. Atualmente, os alimentos fritos são mais populares em muitos países, especialmente entre as crianças e os adolescentes. Podemos observar o rápido aumento do número de restaurantes e vendedores de fast food nas últimas décadas. A fritura de alimentos a alta temperatura cria um sabor especial, uma cor castanha dourada e uma textura estaladiça. É um facto que a fritura faz com que o óleo sofra hidrólise, oxidação e reação térmica e, consequentemente, podem ser produzidos numerosos subprodutos, tais como ácidos gordos, álcoois, compostos cíclicos, dímeros e polímeros. Alguns produtos de decomposição no óleo usado foram identificados como tendo efeitos adversos na saúde humana, uma vez que podem ter uma maior probabilidade de absorção nos alimentos fritos. Por conseguinte, é importante compreender e conhecer os factores que afectam a deterioração do óleo de fritura e monitorizar a quantidade de produtos de decomposição para garantir a qualidade dos alimentos fritos.

O mecanismo de degradação térmica do óleo de fritura é complicado. As variáveis envolvidas no processo incluem as condições de fritura, a reposição de óleo fresco, a qualidade original do óleo, os materiais alimentares e o tipo de fritadeira. Os óleos de cozinha com mais ácidos gordos saturados, como o óleo de palma, são normalmente mais estáveis para fritar. Por outro lado, o óleo de soja com mais ácidos gordos insaturados é menos estável e decompõe-se facilmente a altas temperaturas de fritura. Em Taiwan, o óleo de soja é um dos óleos de cozinha mais utilizados em casa e é também utilizado por muitos pequenos vendedores para fritar. O óleo de palma é sobretudo utilizado comercialmente para preparar batatas fritas. Entre os óleos de fritura, os que têm um elevado teor de ácido oleico, como o óleo de girassol e a oleína de palma, têm um melhor perfil de saúde e estabilidade térmica. A humidade nos alimentos induz e acelera a oxidação com os compostos hidrolíticos. Os alimentos com elevado teor de água, como a batata e os alimentos com materiais para empanar ou bater, provocam uma hidrólise mais rápida do óleo de fritura.

O teor de compostos polares totais e o índice de acidez são os indicadores mais importantes da qualidade do óleo e são amplamente utilizados em muitos regulamentos internacionais. Por questões de saúde pública, o teor de compostos polares totais no óleo de fritura está regulamentado em Taiwan em 25% e 2,0 mg KOH/g, respetivamente. A determinação do total de compostos polares no óleo de fritura proporciona uma medição mais robusta da extensão da deterioração na maioria das situações, devido à sua maior exatidão e reprodutibilidade (Fritch, 1981). Os teores de ácidos gordos livres (AGL) e de compostos polares totais eram normalmente utilizados para garantir a qualidade inicial do óleo e para avaliar a qualidade do óleo de fritura após utilização, respetivamente. No entanto, o procedimento analítico normalizado para a avaliação da qualidade do óleo tem de ser efectuado num laboratório com equipamento adequado e por técnicos qualificados. Não é adequado para um pequeno restaurante, uma cafetaria ou uma pequena empresa do sector alimentar (Bansal, 2010)

7) (Direção-Geral de Higiene Alimentar e Ambiental, 2011)

Como controlar os perigos dos óleos alimentares usados

No sector alimentar, este perigo pode ser controlado através da aplicação de Boas Práticas de Fabrico (BPF). O objetivo das BPF é otimizar a vida útil do óleo alimentar para manter a aceitabilidade e a salubridade dos alimentos, evitar a decomposição oxidativa extensiva e a formação de compostos poliméricos.

As caraterísticas das Boas Práticas de Fabrico (BPF) incluem a escolha de óleo alimentar de boa qualidade e estabilidade consistente, a utilização de equipamento adequado, a seleção da temperatura de fritura mais baixa possível, a filtragem frequente do óleo alimentar para remover partículas de alimentos, a limpeza frequente do equipamento e a substituição do óleo alimentar conforme necessário para manter a qualidade. Estas práticas de BPF são importantes, especialmente para os operadores do sector alimentar. São responsáveis pela saúde geral da população da Malásia.

Além disso, o Departamento de Higiene Alimentar e Ambiental (FEHD) controla a qualidade do óleo alimentar através do seu programa de vigilância alimentar. As amostras de óleo alimentar para análise são recolhidas pelos inspectores sanitários para garantir que são adequadas para cozinhar e seguras para consumo humano. A Portaria sobre Saúde Pública e Serviços Municipais (Cap. 132) estipula que a venda de alimentos impróprios para consumo humano é uma infração. Os infractores são passíveis de uma multa máxima de $50.000 e de uma pena de prisão de seis meses.

8) Boas práticas de fritura (Kurt, 2005)

O autor desta revista afirmou que a cozedura dos alimentos foi um dos primeiros passos para criar novos sabores e texturas que tornassem os alimentos não só nutritivos mas também agradáveis. A fritura implica um contacto estreito entre o óleo utilizado e o alimento cru que está a ser cozinhado. O óleo é absorvido pelo alimento e contribui significativamente para o seu sabor e propriedades nutricionais, tornando-se um componente importante do produto final consumido. O autor também recomendou alguns dados sobre as diferentes temperaturas necessárias para os vários alimentos.

Quadro 3: Temperaturas habituais de fritura para vários alimentos

Food Item	Recommended Temperature
Potatoes – French fries: blanching	165°C
Potatoes – French fries: finishing	185°C
Potato crisps	170-175°C
Doughnuts	185°C
Chicken - large pieces	165°C
Chicken - small pieces	175°C
Meat cutlets	165-170°C
Instant noodles	130°C
Extruded pellets for expansion	185-205°C

À temperatura de fritura, ocorrem mudanças químicas complexas. Inicialmente, estas alterações criam um sabor desejável, provocando a gelatinização do amido, a desnaturação das proteínas e algumas alterações no óleo. Finalmente, o alimento fica cozinhado. No entanto, se a temperatura ou o tempo de cozedura não forem controlados, ocorre demasiada "química" e o alimento estraga-se. Assim, o autor centrou-se em três métodos principais de fritura, tais como a fritura em frigideira pouco profunda, a fritura em fritadeiras descontínuas e a fritura em fritadeiras contínuas.

Fritura em frigideira rasa

A fritura em frigideira rasa é adequada para alguns alimentos, como o ovo estrelado, sendo fácil ver quando está suficientemente cozinhado. No final da cozedura, a maior parte do óleo é absorvida pelos alimentos, os resíduos são deitados fora e colocados numa garrafa para vender e a frigideira é lavada.

Fritadeiras contínuas

A produção de snacks fritos e de alimentos de conveniência em grande escala requer fritadeiras contínuas. O tamanho das fritadeiras é escolhido em função do volume de produção e do tempo de cozedura necessário. São incorporadas caraterísticas de conceção especiais para produtos específicos: por exemplo, um sistema de rotação para donuts e um tapete submerso para manter os produtos e assegurar uma cozedura completa.

O autor também efectuou um inquérito junto das cantinas universitárias sobre a gestão adequada das boas práticas do óleo de fritura. Após a formação do pessoal e a implementação de um sistema HACCP, um segundo inquérito não encontrou resultados superiores a 23% do total de materiais polares. A formação baseou-se na boa higiene pessoal, na fritura adequada, na filtragem do óleo, na taxa de fritura e na taxa de rotação do óleo, e no facto de o óleo fresco nunca dever ser adicionado ao óleo alimentar usado. Esta atitude é muito má.

9) Relatório do inquérito sobre óleos vegetais usados, 2008

A partir de agosto de 2008, membros de empresas privadas, do governo local e do desenvolvimento económico sem fins lucrativos colaboraram para criar um inquérito com o objetivo de quantificar os recursos de óleos vegetais usados (WVO) no distrito de Algoma. Os objectivos iam desde o volume de óleo consumido numa semana ou num mês de funcionamento, até questões mais profundas relacionadas com o interesse de um estabelecimento em apoiar iniciativas locais que utilizassem o óleo usado. O quadro seguinte apresenta os resultados de vários tipos de empresas no distrito de Algoma.

Tabela 4: Resultados do inquérito sobre óleos vegetais usados categorizados por tipo de estabelecimento

Negócios Type	Populaçã o total	Número de inquiridos	Média de óleos usados gerados pelos inquiridos (L/mês)
Restaurante e Pizzaria	6	2	132
Comida rápida	20	12	262
Restaurante italiano	14	5	278
Bar & Grill	18	6	211
Restaurante mexicano	1	1	5
Loja de sanduíches	10	8	0
Cafetaria	4	4	0
Pizzaria	5	2	0
Casa de Bifes	3	2	320
Restaurante Oriental	10	0	N/A
Restaurante não especializado	60	10	215
Total	151	52	1422

Esta tabela mostra os volumes médios de óleos usados gerados pelos inquiridos e também a projeção dos óleos usados gerados por mês para cada tipo de restaurante no distrito de Algoma. As churrascarias, a comida rápida e a comida italiana geraram a maior parte do WVO no inquérito. Outra questão envolve os restaurantes franchisados. O autor afirmou que este inquérito fornece um perfil do total de óleos alimentares usados produzidos em Algoma. Também identificou uma reação pública globalmente positiva à ideia de uma iniciativa local de biodiesel. Para garantir uma melhor recolha de dados, esta investigação deve ser prosseguida com um maior número de funcionários e operadores de restaurantes do sector alimentar. O autor termina o texto dizendo que há sempre espaço para melhorias. Na minha opinião, este artigo de revisão fornece uma boa base para o estudo futuro deste recurso. (Macleod, 2009)

10)M. Martin, R.Claudia, (2004). Livro *do Biodiesel*

10.1 Óleos reciclados ou usados

Os óleos reciclados ou usados tornaram-se matérias-primas muito populares para a produção de biodiesel, uma vez que são baratos e oferecem os potenciais benefícios ambientais da utilização de substâncias que teriam de ser eliminadas. As primeiras referências à utilização de óleos usados foram feitas por Nye et al (1981), que relataram testes de motores bem sucedidos com metil-etil- e 1-butil-ésteres produzidos a partir de óleos alimentares usados. Ao mesmo tempo, os óleos alimentares reciclados foram também estudados como matéria-prima para a produção de biodiesel por M. Mittlebach, que mais tarde desenvolveu um processo comercial para a conversão de óleos usados provenientes de habitações e restaurantes, bem como de gorduras (Mittlebach e Junek, 1988).

Na Áustria, o óleo de fritura reciclado é atualmente uma fonte alternativa estabelecida de matéria gorda para a produção de biocombustíveis. Um grande número de artigos publicados sobre a utilização de óleos usados como matérias-primas para a produção de biodiesel ilustra de forma impressionante a importância crescente desta matéria-prima a nível mundial.

Hossain e Boyce, em 2009, efectuaram uma investigação sobre a produção de biodiesel a partir de resíduos de óleo alimentar de girassol como processo de reciclagem ambiental e energia renovável (Hossain, Boyce, 2009). As actuais matérias-primas para a produção de biodiesel são o óleo vegetal, a gordura animal e o óleo de microalgas. O óleo vegetal está atualmente a ser utilizado como matéria-prima comercial sustentável.

Infelizmente, entre mais de 350 culturas oleaginosas identificadas, apenas os óleos de girassol, de palma, de soja, de colza e de amendoim são preferidos como potenciais combustíveis alternativos para motores diesel. (Demirbas, 2006).

10.2 *Óleo de cozinha usado como matéria-prima para a produção de biocombustível*

O aumento do preço do óleo vegetal virgem trouxe problemas para a indústria de fabrico de biocombustíveis. Uma opção com grande potencial é a reciclagem de óleo alimentar usado, que inclui uma variedade de processos como a pirólise e o cracking catalítico, concebidos para transformar o óleo alimentar usado em produtos de hidrocarbonetos para utilização na preparação de produtos químicos refinados ou combustíveis. A partir desta revisão, este autor tem como objetivo determinar algumas propriedades do óleo alimentar usado para a produção de biocombustível.

A análise preliminar das propriedades do óleo alimentar usado através de GCMS utilizando uma coluna capilar mostra que o ácido n-hexadecanóico e o ácido oleico são os principais compostos presentes no óleo de fritura usado. A análise para a determinação do teor de voláteis e de humidade com 3 réplicas mostra uma média de 0,02% de humidade e teor de voláteis, cujo procedimento experimental foi baseado nos Métodos de Teste MPOB. (Fukuda, 2001)

10.3 Opções relativas à reciclagem de óleos alimentares

As empresas de reciclagem ou purificação de óleos alimentares também desempenham um papel importante na garantia da qualidade e da origem dos óleos que utilizam. Além disso, só podem tratar óleos alimentares fornecidos por empresas de recolha/transporte certificadas. As empresas de purificação ou reciclagem de óleos alimentares devem ser obrigadas a estabelecer um sistema de controlo de qualidade que permita a rastreabilidade do produto final obtido. Devem possuir uma licença legal e uma certificação adequada.

Além disso, as empresas devem analisar todos os riscos potenciais envolvidos nas suas operações, tais como o armazenamento de óleos alimentares, os tratamentos de purificação, o manuseamento, o armazenamento e o transporte do óleo reciclado, bem como o processo de operações que inclui os colectores e os transportadores, a fim de garantir a qualidade e a segurança dos produtos purificados que irão entregar. As empresas devem registar todas as suas actividades, com dados quantitativos relativos ao fluxo total de materiais gordurosos. Devem dispor de um sistema adequado de fabrico de cisternas, tambores e outros contentores que permita identificar, em qualquer momento, o tipo de produto contido e evitar erros que possam levar a quebras na rastreabilidade do produto final. Quaisquer variações observadas devem ser registadas com o máximo de informação possível, os lotes devem ser colocados de lado e as autoridades competentes devem ser sempre informadas.

Além disso, os resíduos gordos gerados no processo de purificação ou limpeza de tanques e contentores devem ser eliminados de forma adequada, tendo em conta o seu nível de contaminação. Por exemplo, os resíduos da limpeza dos tanques, se forem de boa qualidade, podem ser utilizados na alimentação animal, desde que a sua segurança e qualidade sejam rigorosamente controladas. Todos os resíduos gerados devem também ser registados e utilizados para um fim adequado ao seu nível de contaminação. (José, 2000)

11)Produção de biodiesel a partir de óleo de girassol usado como um processo de reciclagem ambiental e energia renovável (Hossain, 2009)

O girassol (*Helianthus annus*) é uma das principais culturas oleaginosas cultivadas para a produção de óleo utilizado principalmente para consumo humano e pode também ser considerado como uma cultura importante para a produção de biodiesel (Niatou et al, 2008)

Este artigo centra-se na comparação das condições óptimas de produção de ésteres metílicos de ácidos gordos (FAME) ou de biodiesel a partir de óleo de girassol puro e usado através do processo de transesterificação com catalisador alcalino. Nesta investigação, a qualidade do biodiesel a partir de óleo de palma comestível usado também foi analisada e comparada. O óleo alimentar de girassol puro (PSCO) foi comprado numa mercearia local, enquanto o óleo alimentar de girassol usado (WSCO) foi obtido pelo autor em restaurantes próximos do campus da Universidade da Malásia. Os WSCO foram filtrados sob pressão de vácuo (11 bar) com hidróxido de potássio, hidróxido de sódio, sulfato de magnésio anidro, metanol e etanol para remover as impurezas.

O autor compilou duas propriedades importantes do PSCO e do WSCO numa tabela. Os valores de acidez revelam a baixa quantidade de ácidos gordos livres (FFA) em ambos os tipos de óleos. Em contrapartida, o WSCO tem uma viscosidade significativamente mais elevada do que o PSCO. Ambos os óleos podem ser utilizados como combustível em motores diesel, mas o principal obstáculo à utilização do óleo como combustível é a sua elevada viscosidade, que cria problemas na atomização do spray de combustível e no funcionamento dos injectores de combustível.

Em dois estudos de caso (Turkan e Kalay, 2006), verificou-se que quase 90%

do total de ácidos gordos do óleo de girassol comercial são compostos por duas ligações duplas que contêm ácidos oleicos. Foi referido que as percentagens destes dois ácidos gordos livres no óleo de girassol são de 23,9% e 66,1% consecutivamente.

Quadro 5: Determinação do índice de acidez e da viscosidade do PSCO e do WSCO

Propriedades	PSCO	WSCO
Índice de acidez, mg KOH/g de óleo	0.1	1.6
Viscosidade ,mm/s a 40°C	5.8	9.5

A partir desta revisão, podemos concluir que foram estudadas as condições óptimas para a produção de biodiesel a partir de WSCO e PSCO. O autor provou que o óleo de girassol de cozinha usado pode ser utilizado como uma fonte substancial de biodiesel como combustível em motores a gasóleo. Além disso, a investigação do autor demonstrou que a produção a partir de PSCO e WSCO não apresenta diferenças significativas. O biodiesel de óleo alimentar usado pode ser utilizado como combustível para motores diesel, o que é considerado um processo de reciclagem ambiental e de energia renovável a partir de óleo usado após a fritura (Hossain, 2009)

12)Transesterificação de Biodiesel a partir de óleo de cozinha usado usando a técnica de ultra-sons (Darwin Sebayang et al, 2010)

Os objectivos do autor desta investigação consistem em explorar um novo processo de transesterificação de óleo alimentar usado em biodiesel utilizando a técnica de ultra-sons. A eliminação local de óleo alimentar torna-se uma questão importante devido ao grande volume de produção de óleo alimentar. A Malásia tem centenas de operadores de empresas do sector alimentar, incluindo estabelecimentos de restauração rápida. O óleo alimentar usado é uma das fontes alternativas para a produção de biodiesel.

O biodiesel a partir de óleo alimentar usado (OAU) pode reduzir o custo da produção de biodiesel, uma vez que os custos da matéria-prima constituem aproximadamente 70-95% do custo total da produção de biodiesel. (Chhetri, 2008). O biodiesel pode ser produzido pela transesterificação de triglicéridos com álcool, geralmente metanol, na presença de um catalisador básico ou ácido, em ésteres metílicos de ácidos gordos (FAME). A conversão de triglicéridos (TG) em FAME utilizando ultra-sons obteve 95,6929% com a razão molar de metanol para óleo de 6,1 e 1% de catalisador de hidróxido de sódio.

Figura 9: mecanismo de reação de transesterificação de TG para FAME

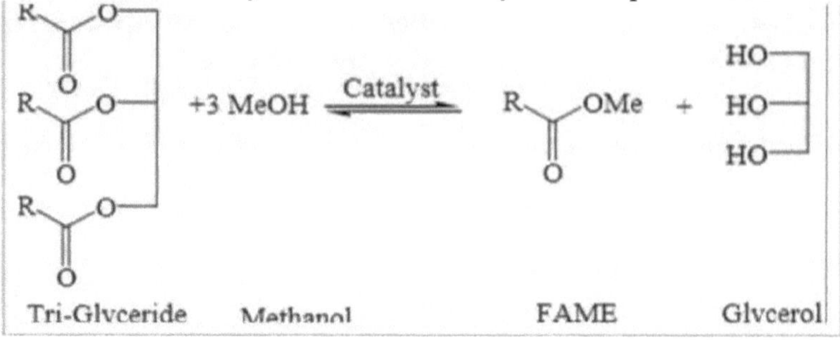

13) Os óleos de fritura locais utilizados repetidamente são geralmente seguros (Tony Ng, 2007)

Uma análise deste artigo de jornal indica que os cientistas alimentares e as autoridades de saúde na Europa estão realmente preocupados com os perigos para a saúde dos produtos oxidados e dos polímeros lipídicos formados em óleos de fritura usados repetidamente. A promoção da certificação da Análise de Perigos e Pontos Críticos de Controlo (HACCP) e a obtenção de regulamentação alimentar para limitar o teor de compostos polares (PC) nos óleos de fritura foram introduzidas nestes países para proteger a saúde dos cidadãos. Entretanto, estão disponíveis aparelhos/kits de teste simples para monitorizar a qualidade do óleo de fritura.

13.1 *Os óleos de fritura utilizados repetidamente são seguros?*

Esta é uma questão curiosa que, em grande parte, não tem resposta por parte da comunidade científica mundial. Hoje em dia, o interesse pelo impacto na saúde da utilização de óleos fritos repetidamente começou a ser conhecido pelo público e os redactores da imprensa local inquiriram sobre o destino desses óleos fritos usados nas empresas de fast-food franchisadas locais. Está bem estabelecido que o óleo de fritura utilizado se deteriora em qualidade com o tempo de fritura, acelerado pela formação de lípidos oxidados e polimerizados no meio de fritura. A literatura relata que um lote de óleo de fritura é descartado de 1 a 4 dias, dependendo do horário de funcionamento. No Japão, foi referido que o óleo de fritura dos restaurantes é utilizado durante cerca de 3 horas por dia a 180°C. Não existe qualquer informação disponível para o cenário local, pelo que este facto deve ser motivo de reflexão para os nossos operadores de empresas alimentares locais.

No início da investigação, o autor também referiu um estudo de caso de outro cientista que efectuou uma experiência com um rato de laboratório. Este rato foi alimentado com elevadas concentrações de gorduras e óleos aquecidos. O resultado foi obtido e os ratos mostraram um crescimento retardado, diarreia, fígados e rins aumentados e enzimas metabólicas elevadas (Crampton, 1951).

Outro autor também efectuou o trabalho experimental no modelo do rato branco. Os resultados mostraram que o consumo a longo prazo de óleos vegetais que contêm 25% de compostos polares induziu efeitos adversos semelhantes aos observados em estudos anteriores que utilizaram gorduras severamente aquecidas.

13.2 *Que alterações ocorrem no óleo durante o processo de fritura?*

Durante a fritura de alimentos a temperaturas da ordem dos 170°-200°C, o óleo utilizado é alvo de um ataque pesado de três vertentes, nomeadamente :

1. **Hidrólise** - A humidade do alimento que está a ser frito vaporiza e hidrolisa os triglicéridos
   (TGs) no óleo de fritura em glicerol, ácidos gordos livres (FFAs), monoglicéridos (MGs) e diglicéridos (DGs)
2. **Oxidação** - As moléculas de triglicéridos no óleo de fritura sofrem uma oxidação primária em lípidos instáveis chamados "hidroperóxidos", que se dividem para formar produtos de oxidação secundários que incluem compostos não voláteis e voláteis. Alguns destes produtos secundários polimerizam (oxidação terciária), aumentando a viscosidade do óleo, provocando o acastanhamento da superfície e escurecendo o óleo.
3. **Polimerização térmica** - As temperaturas elevadas da operação de fritura produzem monómeros de ácido gordo cíclico (FA) de elevado peso molecular, bem como dímeros e oligómeros de TG.

O fluxo de vários processos químicos e físicos começa com o facto de o alimento a fritar absorver o óleo e libertar parte do seu próprio conteúdo lipídico, por vezes colorido, para o meio de fritura. Em seguida, as partículas de alimentos e os lípidos provocam o escurecimento do óleo. O ambiente imediato das áreas da cozinha fica com um cheiro desagradável, especialmente quando o ponto de fumo do meio de fritura é ultrapassado.

13.3 *O que acontece a estes óleos fora de uso?*

Noutros países, especialmente no Japão, existe um mercado para estes óleos que podem ser reciclados como biocombustível ou combustível para aquecimento. Quando não existe um mercado ou um sistema de recolha para a reciclagem destes óleos vegetais usados (WVO), o pessoal do estabelecimento levá-los-ia provavelmente para casa para posterior utilização alimentar.

Os dados disponíveis recomendam que os óleos de fritura utilizados na preparação de alimentos rápidos em mercados noturnos e restaurantes locais devem conter níveis de compostos polares (PC) dentro de limites seguros; abaixo do limite máximo de 25%. A regra rigorosa exige produtos fritos de alta qualidade para satisfazer as expectativas dos clientes relativamente à sua saúde humana. Os dados desta revisão também sugerem que um lote de óleo de fritura utilizado para preparar alimentos rápidos a cerca de 180°C , sem qualquer reposição com óleo fresco, deve ser eliminado no final do 3º dia ou antes. Globalmente, as provas provadas não deram razões para refutar que os óleos de fritura locais utilizados repetidamente possam ser considerados como geralmente seguros para a saúde humana.

13.4 *Quanto tempo é que o óleo de fritura demora a atingir 25% de teor de PC?*

O tempo que o óleo de fritura demora a atingir 25% de teor de PC depende das temperaturas de fritura utilizadas, do teor de humidade do alimento a fritar e da existência ou não de cobertura do meio de fritura utilizado. Nos relatórios de Ng, foram necessários 9 a 10 ciclos diários de cinco horas de fritura a 180°C numa fritadeira de tipo comercial com uma superfície específica de 0,064cm/g de óleo e sem adição de alimentos nem cobertura com óleo fresco para atingir um teor de PC de 25% (Ng, 1987).

situation in the absence of food reported by Ng[10,11].

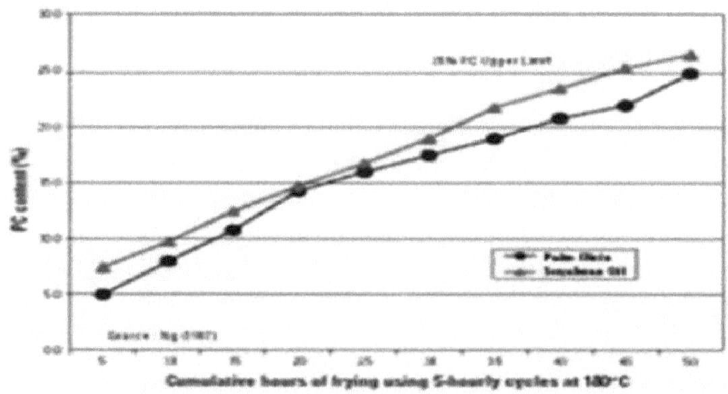

Entretanto, no estudo efectuado por Razali e Badri, foram necessários apenas 3 dias para que os meios de fritura utilizados (óleo de palma, óleo de soja) atingissem um teor de compostos polares (CP) de 25% quando as batatas fritas congeladas foram fritas intermitentemente a 180°C durante 4 minutos por lote, num período total de fritura de 8 horas por dia, durante 5 dias consecutivos. Também relatou que o conteúdo de compostos polares nos alimentos fritos se assemelhava ao do meio de fritura. A utilização contínua da fritadeira a 180°C para 15 lotes de batatas fritas por hora ou 120 lotes de fast food durante 8 horas por dia mostrou que a taxa de formação de compostos polares nos óleos de fritura utilizados era muito mais rápida na presença de alimentos húmidos em comparação com a situação na ausência de alimentos relatada por Ng.

Para além disso, no estudo de Fauziah, o teor de compostos polares na oleína de palma e no óleo de girassol com elevado teor de oleico foi inferior a cerca de 15% após 5 dias consecutivos de fritura intermitente com fatias de batata crua a 180°C, equivalente a 8 horas de fritura por dia. Está relacionado com o facto de, no final das 40 horas cumulativas de fritura a 180°C, o óleo de fritura usado novamente ainda ser seguro para reutilização, uma vez que o seu teor de compostos polares ainda está muito abaixo do limite superior de 25% a 27%. O teor de polímeros correspondente a ambos os óleos de fritura usados é de aproximadamente 1,0% (Fauziah, 2000).

Entretanto, num estudo de caso realizado no Japão, Totani referiu que o teor de compostos polares em amostras de óleos de fritura de restaurantes universitários que foram utilizados a 180°C durante 3 horas por dia durante 5 horas consecutivas (tempo total de fritura de 15 horas) se situava entre 4% e 14%, dentro dos limites de segurança. No mesmo relatório, o teor de compostos polares nos revestimentos da massa de 50 amostras de frituras comerciais compradas aleatoriamente em Kobe, Japão, variou entre 3,3% e 27,0%, com 2 amostras a excederem o limite superior de 25% de compostos polares (Totani, 2006)

14)Compostos de degradação do óleo (Jose, 2000)

Este trabalho é um trabalho de revisão sobre os compostos de degradação do óleo na perspetiva da saúde. A nível internacional e a administração emitiram recomendações e disposições legais que regulam a utilização e a vida útil máxima dos óleos e gorduras sujeitos a fritura. O sistema de controlo mais comum é o parâmetro denominado compostos polares totais, que deve ser <25% em Espanha, Bélgica, França e Itália, enquanto <27% na Suíça, Áustria e Alemanha e <30% na Hungria.

No entanto, as legislações de alguns países também exigem que outros parâmetros sejam cumpridos, como o índice de acidez deve ser <2,5 na Áustria, Bélgica e Japão. A determinação de dímeros e polímeros de tris acilgliceróis deve ser <10% na Bélgica e na República Checa e <16% na Holanda. Além disso, o autor encontrou também alguns estudos de caso sobre amostras reais do mercado correspondentes a diferentes tipos de óleo alimentar. A informação útil destes estudos pode ser encontrada nos valores normais de diferentes compostos de degradação que compõem os óleos alimentares fora de uso. Todas estas amostras foram recolhidas pelos serviços de inspeção das administrações.

Os resultados finais destes estudos de caso, o óleo alimentar usado atingiu cerca de 25% de compostos polares com valores médios de 15,8% de polímeros, 6,3% de triglicéridos oxidados, 2% de diglicéridos e 0,9% de ácidos livres. Por fim, as conclusões do autor destes estudos concluem que existe um desconhecimento generalizado do processo de fritura, procedimentos incorrectos de eliminação do óleo, bem como falta de temperaturas de fritura e de seleção das condições do óleo utilizado.

15)Óleos vegetais aquecidos e factores de risco de doenças cardiovasculares (Chun-Yi et al, 2014)

As doenças cardiovasculares (DCV) são uma das principais causas de morbilidade e mortalidade no mundo. As doenças cardiovasculares são, por exemplo, o enfarte do miocárdio, a hipertensão arterial e o acidente vascular cerebral. Podem resultar de muitos factores, incluindo o estilo de vida e os hábitos alimentares. O óleo vegetal é um dos componentes dietéticos essenciais no consumo alimentar diário. No entanto, os benefícios do óleo vegetal podem ser deteriorados pelo aquecimento repetido que leva à oxidação dos lípidos. A oxidação térmica dá origem a um novo produto funcional que pode ser potencialmente perigoso para a saúde cardiovascular.

Foi demonstrado que o consumo de óleo aquecido repetidamente aumenta a pressão sanguínea e o colesterol total, causando inflamação vascular, bem como alterações vasculares que predispõem à aterosclerose. O efeito nocivo dos óleos aquecidos deve-se à oxidação dos lípidos durante o processo de aquecimento. A oxidação do óleo ocorre quando o processo de fritura é efectuado ao ar livre. As moléculas de oxigénio livre reagem com os ácidos gordos insaturados através dos mecanismos típicos dos radicais livres. Em seguida, formam-se hidroperóxidos como produtos primários devido ao ataque do oxigénio que produz muitos outros compostos com grupos dieno conjugados. O radical alcoxilo, que se forma através da cisão da ligação O-O nos hidroperóxidos, produz ainda aldeídos, hidrocarbonetos, semi-aldeídos e ácidos. Em excesso de oxigénio, os radicais alcoxi e peroxi formam compostos diméricos e oligoméricos (Nawar, 1984). A maior parte destes subprodutos são cancerígenos. Foi referido que a Europa proibiu o consumo de óleos alimentares usados reutilizados como matéria-prima para animais devido a compostos cancerígenos (Cvengros e Cvengrosova, 2004)

CAPÍTULO 3: RESULTADOS E DISCUSSÃO

Resultados e discussão

Quadro 6: Várias cafetarias na Universidade da Malásia

Cafetaria	Volume de óleo alimentar consumido por dia (L)	Frequências de utilização repetida de azeite por dia	Método de eliminação dos óleos alimentares usados	Nível de conhecimento dos inquiridos sobre a saúde humana
Kk5 1	21-30L	1x	Lava-loiça	sim
Kk5 2	21-30L	2x	lava-loiça	Não
Kk5 3	10-20L	2x	pia	Não
Kk12 1	21-30L	2x	pia	Não tenho a certeza
Kk12 2	Mais de 31	2x	vender	Não tenho a certeza
Kk12 3	21-30L	3x (fritura)	Deitado fora com o lixo normal	Não tenho a certeza
Kk12 4	10-20L	2x	pia	sim
Kk12 5	10-20L	2x	Deitado fora com o lixo normal	Não tenho a certeza
Kk11 1	Mais de 31L	2x	Deitado fora com o lixo normal	Não tenho a certeza
Kk 11 2	Mais de 31L	2x	Deitado fora com o lixo normal	Não
Kk11 3	21-30L	2x	Deitado fora com o lixo normal	Não tenho a certeza
KK7	10-20L	3x	Lava-loiça/esgoto	Não
Praça de alimentação 1	21-30L	2x	Deitado fora com o lixo normal	Não tenho a certeza

Praça de alimentação 2	21-30L	2x	Lava-loiça/esgoto	Não tenho a certeza
Praça de alimentação 3	Mais de 31	2x	Lava-loiça/esgoto	Não
Praça de alimentação 4	21-30L	3x	Lava-loiça/esgoto	Não tenho a certeza
Zona de restauração 5	21-30L	2x	Lava-loiça/esgoto	Não tenho a certeza
Faculdade de Ciências	10-20L	1x	vender	sim
Academia de estudos islâmicos	Mais de 31L	2x	Deitado fora com o lixo normal	sim
Complexo Perdana Siswa	Mais de 31L	2x	vender	sim

O quadro superior em bruto mostra as 20 cafetarias escolhidas de entre 39 cafetarias da Universidade da Malásia, incluindo cafetarias situadas nas áreas residenciais dos estudantes, nas faculdades e nas áreas de convívio dos estudantes. Os dados foram recolhidos, avaliados, analisados e representados sob a forma de gráficos de pizza. Podemos ver que 9 das cafetarias consumiam 21-30L de óleo alimentar por dia.

No caso dos colégios residenciais, a maior parte começa a funcionar ao fim da tarde, das 17h00 à meia-noite, enquanto no Complexo Perdana Siswa e nas faculdades, a atividade decorre apenas de manhã até às 17h00. Algumas delas só abrem de manhã e fecham ao fim da tarde, enquanto outras abrem ao fim da tarde e fecham à meia-noite.

A resposta ao questionário é apresentada num gráfico de pizza. 20 inquiridos de 20 cafetarias deram a sua colaboração para a realização deste inquérito. A idade dos inquiridos variava entre os 24 e os 55 anos. A maior parte deles são proprietários de cafetarias e alguns deles são trabalhadores. A maioria dos proprietários de cafetarias são malaios. A maior parte deles afirma utilizar óleo de palma ou de milho para fritar os alimentos.

O primeiro gráfico circular diz respeito à percentagem de óleo alimentar consumido por dia e por volume em 20 cafetarias escolhidas. A segunda pergunta é sobre as percentagens de frequências do óleo alimentar usado repetidamente, seguida das percentagens do método de eliminação do óleo alimentar usado e a última pergunta deste inquérito é sobre o nível de conhecimento da utilização repetida de óleo alimentar para a saúde humana.

Figura 10: Percentagem do volume de óleo alimentar consumido por dia na Universidade da Malásia

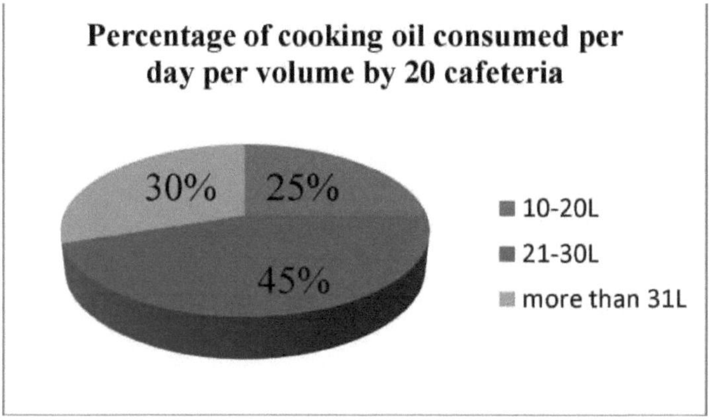

A figura mostra as percentagens de óleos alimentares usados consumidos por dia por 20 cafetarias da Universidade da Malásia. A percentagem mais elevada foi de 45% em 9 cafetarias que responderam que consumiam 21 a 30 litros de óleos alimentares usados por dia. A maioria dos inquiridos não consegue estimar o valor real do óleo alimentar usado, enquanto 30% consomem mais de 40 litros e apenas 25% consomem 10-20 litros por dia. 90% dos inquiridos preferem utilizar o óleo alimentar em embalagens de saco de plástico porque é mais económico e permite poupar no orçamento.

Figura 11: Percentagem de frequências de utilização repetida do óleo

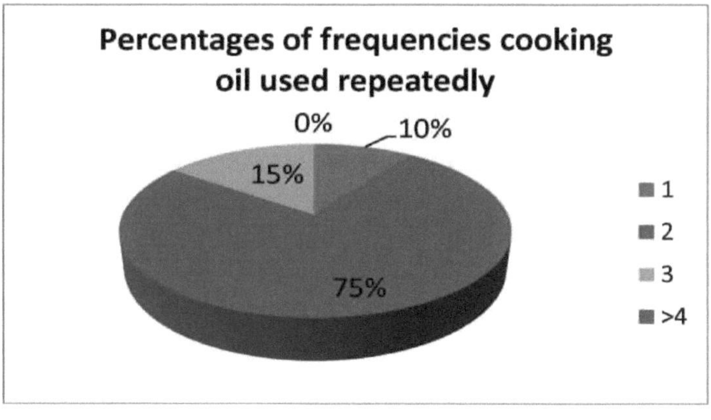

Esta figura mostra a frequência com que o óleo é utilizado repetidamente. 75% dos inquiridos de 20 cafetarias admitiram que reutilizaram o óleo alimentar usado 2 vezes. 15% dos inquiridos reutilizaram-no 3 vezes e apenas 10% dos inquiridos consumiram todo o óleo alimentar ou utilizaram apenas um. Isto mostra indiretamente que não muitos deles estão realmente conscientes da toxicidade dos óleos alimentares usados. Alguns dos inquiridos admitiram que reutilizavam o óleo alimentar repetidamente para fritar alimentos e outros responderam que o faziam porque queriam poupar e não desperdiçar o óleo.

A utilização frequente e repetida de óleos alimentares usados pode dever-se à falta de conhecimentos e de informação sobre os perigos e os problemas de saúde. Devido ao aquecimento repetido, a qualidade, o cheiro, a cor e o sabor do óleo alimentar alteram-se devido à formação de polímeros e compostos polares. O processo oxidará o conteúdo lipídico em produtos de peroxidação lipídica potencialmente tóxicos. Os hidroperóxidos lipídicos resultantes decompõem-se em produtos altamente citotóxicos. O óleo alimentar pode também conter contaminantes como os hidrocarbonetos aromáticos policíclicos (HAP). Estes contaminantes, se presentes no óleo alimentar, podem ser concentrados aquando do aquecimento. Alguns PAHs foram considerados potencialmente cancerígenos para os seres humanos.

Figura 12: Percentagem do método de eliminação dos óleos alimentares usados

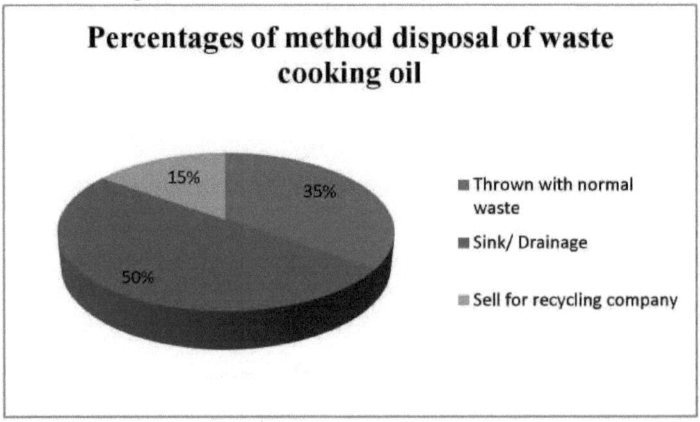

Esta figura mostra os resultados do método de eliminação dos óleos alimentares usados pelos operadores das cantinas. 50% dos inquiridos admitiram que deitavam os óleos alimentares usados diretamente no lava-loiça ou no esgoto. Deram como desculpa o facto de a quantidade de óleo ser pequena. 35% dos inquiridos responderam que recolhem, deitam o óleo alimentar usado numa garrafa e deitam-no juntamente com o lixo normal se a quantidade de óleo alimentar usado for ainda metade. Uma das cafetarias admitiu que, por vezes, deita os óleos usados no rio atrás das suas cafetarias, mas nem sempre. 15% dos operadores de cafetarias vendem os seus óleos alimentares usados a algumas empresas de reciclagem ou de tratamento de resíduos ao preço de 1 RM por 5 kg.

A temperatura fria da água faz com que o óleo solidifique e acabe por entupir o sistema de drenagem, o que polui indiretamente os corpos de água (Kulkarni e Dalai, 2006). A eliminação de óleos alimentares usados no solo pode alterar a cor do solo, converter o pH do solo em alcalino e esgotar os nutrientes como o carbono e o azoto (Marjadi e Dharaiya, 2010).

Os óleos alimentares usados recolhidos devem ser vendidos a empresas de reciclagem ou de tratamento de águas residuais. A Universidade da Malásia deve incentivar os operadores das cantinas a venderem os seus óleos alimentares usados a empresas de reciclagem. O governo também precisa de apoiar a reciclagem de óleos alimentares usados, uma vez que reduz a dependência dos aterros sanitários e a utilização para a produção de biodiesel.

Normalmente, a empresa de reciclagem recolhe o óleo alimentar usado e vende-o a empresas de biodiesel. Alguns investigadores também compram óleo alimentar da cantina para o utilizarem no seu projeto. No Japão, os óleos e gorduras usados são deitados fora em vários locais, como casas, restaurantes, cafetarias, incluindo a indústria alimentar. Na Malásia, há muitos recicladores de óleo alimentar, mas na indústria alimentar comercial e não na doméstica. Em 2011, Petaling Jaya, Selangor, iniciou uma campanha para incentivar a reciclagem de óleos alimentares usados em biodiesel e também a campanha "say no to polystyrene".

Algumas das empresas de reciclagem de óleo alimentar usado vendem-no à Sime Darby Plantation. A Sime Darby é uma das principais empresas da Malásia e também a nível mundial. A Sime Darby é responsável pela produção de biodiesel de palma na Malásia e pela exportação para o estrangeiro. No sector não alimentar, a Sime Darby Plantation está envolvida no fabrico de produtos oleoquímicos e biodiesel.

A Sime Darby Plantations tem duas fábricas de biodiesel situadas em Selangor, na Malásia. Estas fábricas situam-se em Teluk Panglima Garang, com uma capacidade anual de 30 000 toneladas, e também em Carey Island, com uma capacidade de 60 000 toneladas. A Emery Oleochemicals é propriedade conjunta da Sime Darby Plantations Sdn Bhd e da PTT Chemical International Pte. Ltd. da Tailândia.

Figura 13: Fábrica de biodiesel na ilha Carey

A reciclagem de óleos alimentares usados é apreciada porque não só reduz os problemas ambientais como também desenvolve a economia de processo ao reduzir o custo da matéria-prima para a produção de biodiesel. Deveria ser mais promovida na Malásia e em todo o mundo.

Figura 14: Nível de conhecimento do uso repetido de óleo alimentar em relação à saúde humana

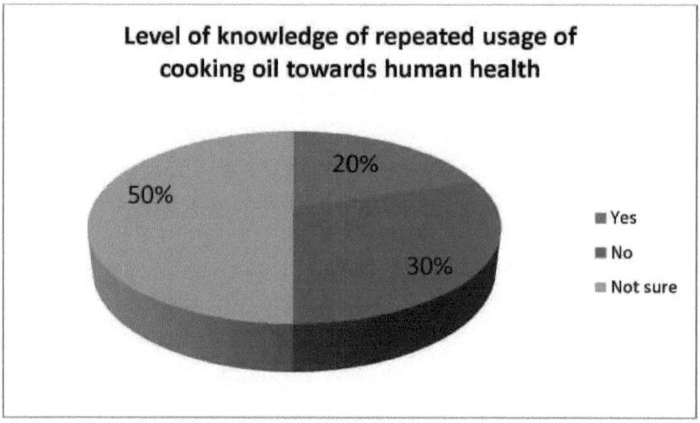

Este gráfico de pizza mostra a percentagem do nível de conhecimento dos inquiridos relativamente à utilização de óleo alimentar usado repetidamente para a saúde humana. 50% dos inquiridos reconhecem que não têm a certeza de que os efeitos da utilização repetida de óleo alimentar sejam prejudiciais para a saúde humana. 30% dos inquiridos disseram que não, enquanto 20% dos inquiridos disseram que sim. A maioria dos inquiridos da Faculdade de Ciências disse que sim, que sabe que o óleo alimentar usado repetidamente causa efeitos negativos na saúde humana, embora não saiba exatamente porquê. O processo de aquecimento repetido oxida o conteúdo lipídico, transformando-o em produtos de peroxidação lipídica potencialmente tóxicos (Kubow, 1992). A sensibilização para esta questão é importante porque se provou que o efeito da degradação da reutilização de óleos vegetais é um fator de risco independente para a hipertensão (Soriguer, 2003). Uma vez que a maioria da Universidade da Malásia é constituída por estudantes, o seu impacto na saúde humana depende da forma como os operadores das cantinas manuseiam os óleos alimentares.

Quase todos os operadores de cafetaria entrevistados não seguiram quaisquer orientações, diretivas e instruções oficiais ou não oficiais relativas à gestão adequada dos óleos alimentares usados. Nenhum deles também nunca frequentou qualquer formação ou programa que envolvesse a gestão correta dos óleos alimentares usados. Mas algumas cantinas, como a cantina da Faculdade de Ciências, têm conhecimento, através dos jornais, dos perigos da utilização repetida de óleos alimentares usados e algumas palestras disseram-lhes para praticarem uma gestão adequada dos óleos alimentares usados e também vendem o seu óleo reciclado a algumas empresas de reciclagem.

Há também falta de conhecimentos sobre as técnicas corretas de fritura na cafetaria da Universidade da Malásia. Foi perguntado aos inquiridos se seguiam alguma orientação quando fritavam alimentos com óleo alimentar. Todos eles responderam que não seguiam quaisquer diretrizes. Isto mostra a atitude negativa dos operadores da cafetaria em relação à utilização de óleo aquecido repetidamente, uma vez que pensam que, desde que a cor do óleo pareça aceitável, não há problema em utilizar o óleo continuamente, mesmo para ser guardado para o dia seguinte para fritar outra fornada de alimentos. Trata-se, evidentemente, de uma prática muito incorrecta.

As temperaturas óptimas recomendadas para a fritura são cerca de 180-185°C. Fritar a temperaturas mais baixas resultará em tempos de fritura mais longos e na falta de formação de crosta na superfície do alimento frito, o que aumentaria a absorção total de gordura no alimento frito (Ufheil, 1996). A padronização da temperatura de fritura deve ser implementada e respeitada por todos os operadores de alimentos. Ao assegurar que todos os operadores de alimentos possuem e utilizam um termómetro de fritura e ao fornecer uma orientação e formação sobre a temperatura de fritura que tem de ser cumprida pelos operadores de alimentos, poderia potencialmente melhorar a saúde do público em geral.

Outra questão importante que podemos discutir é a prática de repor o óleo alimentar com óleo parcialmente fresco, que está associada a níveis significativamente elevados de produtos de degradação do óleo que podem ser cancerígenos (Morley,

2002). Atualmente, não existe uma diretriz normalizada para medir a qualidade do óleo alimentar, nem a duração e o número de vezes que o óleo alimentar é utilizado antes de ser eliminado. Esta é uma boa ideia para que seja imposta aos operadores do sector alimentar na Malásia uma regulamentação normalizada sobre as técnicas de fritura dos alimentos.

Para resolver estes problemas, foi sugerido que vários critérios podem ser observados para medir a qualidade do óleo alimentar. Os critérios incluem observações relativas à cor crua do óleo, à formação de espuma, ao aparecimento de fumo, ao odor do óleo de fritura, ao tempo de utilização e à avaliação do sabor do restaurante, especialmente do restaurante de comida frita (Stevenson, 2006).

O índice de peróxidos (PV) é uma medida útil da qualidade do óleo. O PV é um dos parâmetros de qualidade mais frequentemente determinados. É um índice para quantificar a quantidade de hidroperóxido em gorduras e óleos. O hidroperóxido está presente quando a oxidação de gorduras e óleos ocorre durante a fritura (Gotoh, 2006). Quando o óleo alimentar é aquecido, o PV aumenta. No entanto, os peróxidos também se decompõem rapidamente a altas temperaturas. Foi referido que as gorduras e os óleos fracamente oxidados a níveis de apenas 100mEqO/kg de PV podem ser neurotóxicos. É importante assegurar que a quantidade de hidroperóxidos no óleo de cozinha se mantém baixa para garantir a segurança dos alimentos fritos.

Para além disso, os valores de PV podem ser muito diferentes de acordo com o tipo de alimento que é frito. Os valores de PV dos óleos podem ser muito baixos depois de fritar frutas, vegetais e outros produtos à base de plantas, como batatas fritas. Entretanto, os valores de PV dos óleos podem ser muito elevados após a fritura de produtos à base de carne, como frango frito, "keropok lekor", bolos de peixe e salsichas. As diferentes marcas de óleos utilizadas pelas diferentes cafetarias, os tipos de óleo utilizados e os tipos de utensílios utilizados para fritar também têm um grande impacto no PV dos óleos de cozinha após a fritura dos alimentos. Estes vários factores contribuem para a enorme diferença no PV dos óleos alimentares utilizados para fritar (Choe, 2007).

Nesta investigação, não foi efectuado qualquer trabalho de laboratório, pelo que não existem dados sobre a medição do PV do óleo alimentar usado. Devem ser efectuados mais estudos para obter dados significativos sobre o índice de peróxidos do óleo alimentar usado.

Durante este inquérito, perguntou-se também aos operadores das cafetarias se gostariam de obter mais informações e formação prática sobre este assunto, que inclui a gestão adequada dos óleos alimentares usados e os efeitos negativos da utilização repetida de óleos alimentares. Isto revela uma boa atitude dos operadores de cafetaria da Universidade da Malásia no sentido de melhorarem os seus conhecimentos em matéria de estilo de vida saudável.

Por conseguinte, para além da falta de uma campanha de sensibilização nos meios de comunicação social, que pode não chegar aos operadores de cafetaria sem instrução, os funcionários e o pessoal de saúde devem ir ao terreno e educá-los. Porque nem todos estão interessados em ler jornais ou seguir os meios de comunicação social. Para melhorar os conhecimentos, os meios de comunicação social devem dar destaque a mais campanhas de sensibilização sobre este assunto. Para alterar as práticas, deve ser ministrada formação voluntária sobre as técnicas corretas de fritura.

O governo também pode financiar escolas profissionais que ofereçam cursos de restauração. Estes podem ser os passos básicos para uma gestão adequada no sector dos operadores alimentares.

Existem algumas opções relacionadas com a segurança alimentar e o controlo de qualidade sugeridas por (Jose, 2000). No início do controlo está a exigência de que todos os agentes da cadeia organizacional (desde o coletor de óleos usados até aos fabricantes de gorduras para rações) tenham um sistema de controlo de qualidade como o HCCP ou similar. Isto assegurará a rastreabilidade e a variabilidade mínima na obtenção de padrões de qualidade e segurança para as gorduras destinadas a alimentos para animais.

Além disso, devem ser utilizados instrumentos de controlo da qualidade para avaliar o nível de qualidade de cada produto. A análise desses óleos e gorduras será, portanto, direcionada de forma diferente . O controlo dos óleos alimentares usados basear-se-á nos parâmetros estabelecidos para o controlo dos produtos e as caraterísticas dos óleos recolhidos serão avaliadas em função do seu estado de degradação. Também a percentagem de água incorporada, partículas ou impurezas estranhas dos alimentos fritos e, possivelmente, a presença de contaminantes nocivos. Entretanto, o controlo do óleo reciclado e das suas misturas basear-se-á em parâmetros estabelecidos para o controlo dos produtos. Estes parâmetros terão de ser mais rigorosos para poderem ser avaliados.

CAPÍTULO 4: CONCLUSÃO

Conclusão

Concluiu-se **que**, em média, 45% dos 20 operadores de cafetaria da Universidade da Malásia consumiam 21-30 litros de óleo alimentar por dia. Em termos de método de eliminação do óleo alimentar usado, metade dos inquiridos deitava-o diretamente no lava-loiça, ao passo que apenas 15% adoptavam uma alternativa ambiental, vendendo o óleo alimentar usado a empresas de reciclagem. Os inquiridos também admitiram que costumam utilizar o óleo alimentar mais do que uma vez devido a restrições orçamentais. Este inquérito também provou que existe uma grave falta de conhecimentos e de sensibilização para a gestão adequada dos óleos alimentares usados entre os operadores das cantinas da Universidade da Malásia. É necessário melhorar o nível de conhecimentos dos operadores de cafetaria, incluindo o pessoal e os estudantes da Universidade da Malásia, especialmente no que se refere à sensibilização para a utilização repetida de óleo alimentar para a saúde humana. O autor tem algumas recomendações para ultrapassar este problema.

A bem da saúde na Malásia, os meios de comunicação social desempenharam o papel principal na divulgação e exposição da questão da saúde e da gestão incorrecta dos óleos alimentares usados, que se tornou comum na comunidade. Faltam estudos sobre a sensibilização dos operadores do sector alimentar para os perigos do consumo de óleos alimentares aquecidos repetidamente. Devem ser efectuados mais estudos para obter resultados mais significativos do inquérito por questionário. As autoridades governamentais deveriam adotar políticas e inspecções mais rigorosas em relação aos operadores de empresas do sector alimentar, para se certificarem de que estes praticam uma gestão adequada aos seus clientes. Os inspectores alimentares deveriam também proibir os operadores do sector alimentar de reporem o óleo alimentar através da substituição parcial de óleo fresco. O óleo deve ser filtrado regularmente utilizando auxiliares de filtragem durante a fritura diária, a fim de manter a boa qualidade do óleo de fritura. Os operadores das cafetarias precisam de mudar para uma atitude e prática positivas relativamente à utilização de óleo de cozinha aquecido repetidamente.

Além disso, muitos dos clientes não estão conscientes do perigo de utilizar o óleo de cozinha aquecido repetidamente. Apenas uma pequena parte deles está consciente desta situação. Esta pequena parte precisa de ser maior e estar bem ciente desta situação. Isto pode ser conseguido de muitas maneiras, por exemplo, fazendo campanhas relacionadas com a saúde e o impacto negativo do óleo de cozinha usado repetidamente. Podem também espalhar palavras sobre esta questão junto de parentes, amigos e familiares para aumentar a consciencialização entre a população da Malásia.

Recomendação

Mais de metade dos inquiridos admitiu que costuma utilizar óleo alimentar mais de duas vezes devido a restrições orçamentais. A universidade deve tomar medidas proactivas para garantir a saúde dos estudantes. Seguem-se algumas recomendações para uma gestão adequada do óleo alimentar usado, incluindo a atitude dos operadores do sector alimentar para garantir que servem o melhor para os estudantes.

- Colaborar com o Departamento de Desenvolvimento e Manutenção do Património da Universidade da Malásia (JPPHB) para efetuar mais inspecções aos refeitórios da Universidade da Malásia.
- São necessários mais programas relativos à gestão correta dos óleos alimentares usados para aumentar os seus conhecimentos e sensibilização, tais como palestras e estágios para operadores de empresas do sector alimentar.
- Educar com a organização de palestras ou apresentação de cartazes da respectiva empresa ou palestrante sobre o efeito negativo do uso repetido de óleo de cozinha para a saúde humana é importante para todos, incluindo os operadores de empresas alimentares, os seus trabalhadores e também os estudantes.
- Foi assinado um contrato com algumas empresas de reciclagem ou de tratamento de águas residuais para recolher os óleos alimentares usados nas cantinas da Universidade da Malásia. Assim, os operadores do sector alimentar podem ser incentivados a guardar os óleos alimentares usados em garrafas e a não os deitar diretamente no lava-loiça ou no esgoto.
- O JPHHB deve fornecer políticas e orientações aos operadores de empresas do sector alimentar para garantir que servem o melhor para a saúde dos alunos e do pessoal. As cantinas que não cumpram estas orientações devem ser multadas e o seu contrato deve ser rescindido.

Agradecimentos

O autor gostaria de agradecer ao Dr. Zul Ilham como supervisor e ao Sr. Ang Kean Hua pela ajuda na orientação deste projeto, bem como a Cik Nabiha como mentor e a todos os operadores do sector alimentar das cafetarias da Universidade da Malaia pela sua cooperação na realização deste inquérito. Também a JPPHB que se dispôs a fornecer-nos dados sobre o total de cafetarias na Universidade da Malásia.

Referências

1. Akademi Science Government (2012, 9 de fevereiro). Priorização das opções políticas para prevenir a obesidade: subsídio ao óleo de cozinha. Recuperado de www.moh. gov.my
2. Artman NR. As propriedades químicas e biológicas das gorduras aquecidas e oxidadas. Adv Lipid Res 1969; 7: 245-330.
3. Basiron Y. *Produção de* óleo de palma *através de plantações sustentáveis*. Eur J Lipid Sci Technol 2007; 109: 289-95.
4. Bansal, G., Zhou, W., Barlow, P. J., Joshi, P., Neo, F. L. e Lo, H. L. 2010. Evaluation of commercially avail- able rapid test kits for the determination of oil quality in deep frying operations (Avaliação de kits de teste rápido disponíveis no mercado para a determinação da qualidade do óleo em operações de fritura). Food Chem. 121: 621-626
5. Billek G. Lipid stability and deterioration In: Perkins EG, Visek WJ, eds. Dietary Fats and Health, AOCS Monograph 10, 1983: 70-89.
6. Chhetri, A.B., K. Chris Watts e M. R. Islam, Waste cooking oil as an alternate feedstock for biodiesel production, Energies 2008, 1, 2008, pp. 3-18.
7. Choe E, Min DB. Chemistry of deep-fat frying oils. J Food Sci 2007; 72(5): R7786.
8. Crampton EW, Farmer FA, Berryhill FM. The effect of heat treatment on the nutritional value of some vegetable oils. J Nutr 1951; 43: 431-440.
9. Cvengros, J. e Cvengrosova, Z. (2004). Óleos e gorduras de fritura usados e sua utilização na produção de ésteres metílicos de ácidos gordos superiores. Biomass Bioenerg, (27): 173-181.
10. Demirbas, A., 2007. Biodiesel de óleo de girassol em metanol supercrítico com óxido de cálcio. Energy Conv. Manag., 48: 937-941.
11. Fauziah A, Razali I, Nor Aini S. Frying performance of palm olein and high oleic sunflower oil during batch frying of potato crisps. Palm Oil Developments 2000; No.33: 1-7.
12. Fritch, C. W. 1981. Medições da deterioração da gordura de fritura: uma breve revisão. J. Am. Oil Chem. Soc. 58: 272
13. Fukuda, H., A. Kondo e H. Noda. 2001. Review. Biodiesel Fuel Production by Transesterification of Oils. *Journal of Biosciences and Bioengineering* 92(5): 405-416
14. Ghidurus M, Turtoi M, Boskou G, Niculita P, Stan V. 2010. Aspectos nutricionais e de saúde relacionados com a fritura (I). Cartas Biotecnológicas Romenas 15(6), 5675- 5682.

15.Gotoh N, Wada S. The importance of peroxide value in assessing food quality and food safety. Journal of the American Oil Chemists Society 2006; 83(5): 473-475.
16. Henry CJK, Chapman C, eds. The nutrition handbook for food processors. Reino Unido: Woodland Publishing Limited, 2002
17. Hossain e Boyce. 2009. Produção de biodiesel a partir de óleo de girassol usado como um processo de reciclagem ambiental e energia renovável. Jornal Búlgaro de Ciências Agrícolas 15(4): 312-317
18.Jaarin K, Mustafa MR, Leong XF. 2011. Os efeitos dos óleos vegetais aquecidos na pressão arterial em ratos. Clínicas (São Paulo) 66(12), 2125-2132
19. Kubow S. *Rotas de formação e consequências tóxicas dos produtos de oxidação lipídica nos alimentos*. Free Radic Biol Med 1992; 12(1): 63-81.
20. Kulkarni, M. G. e Dalai, A. K. (2006). *Waste cooking oil-an economic source for biodiesel*: A review. Ind. Eng. Chem. Res, (45): 2901-2913.
21.Leong XF, Mustafa MR, Das S, Jaarin K. Association of elevated blood pressure and impaired vasorelaxation in experimental Sprague-Dawley rats fed with heated vegetable oil. Lipids Health Dis 2010; 9: 66.
22.Macleod R, (2009), Waste Vegetable Oil Survey Report. Coordenador da avaliação das culturas de valor acrescentado rural, empresa científica Algoma
23. Lei e regulamentação alimentar da Malásia, setembro de 2005. Governo da Malásia. ISBN: 967-70-0808-0.
22 Morley-John J, Swinburn BA, Metcalf PA, Raza F. *Fat content of chips, quality of frying fat and deep-frying practices in New Zealand fast food outlets (Teor de gordura das batatas fritas, qualidade da gordura de fritura e práticas de fritura em estabelecimentos de fast food da Nova Zelândia*). Aust N Z J Public Health 2002; 26(2): 101-6.
23 Marjadi, D. S. e Dharaiya, N. A. (2010). Análise do solo contaminado com óleo comestível na região de Gujarat do Norte. Folhetos de Ciências da Vida (10): 287-291
24 M. Martin, R.Claudia, (2004). *Biodiesel*, Áustria: Martin Mittlebach
25 Nawar, W. W. (1984). Alterações químicas em lípidos produzidas por processamento térmico. J.Chem. 61(4): 299-302.
26 Niotou, A. A., E. K. Kantarellis e D. C. Theodoropoulos, 2008. Utilização de cascas de girassol para fins energéticos numa abordagem integrada de culturas energéticas: Estudo laboratorial da pirólise e cinética. Bioresour Technol, 99: 3174-81.
27 Ng TKW. Nutritional and biochemical studies on palm oil as a dietary fat in the rat. Tese de doutoramento, Universidade da Malásia 1987, Malásia; 227pp.
28 Oliveira, A. C. e M. F. Rosa, 2006. Transesterificação enzimática de óleo de

girassol num sistema bifásico aquoso-óleo. J. Am. Oil Chem. Soc., 83: 21-25.

29 Payri, F., Macia'n, V., Arregle, J., Tormos, B., 2004. *Medições do desempenho de motores diesel pesados e das emissões de misturas de biodiesel (de óleo alimentar) utilizadas no projeto ECOBUS.* Documento SAE 05-01 -2205.

30 Razali I, Badri M. Oil absorption, polymer and polar compounds formation during deep-fat frying of French fries in vegetable oils (Absorção de óleo, formação de polímeros e compostos polares durante a fritura de batatas fritas em óleos vegetais). Palm Oil Developments No. 38, junho de 2003.

31 Soriguer F, Rojo-Martinez G, Dobarganes MC et al. Hypertension is related to the degradation of dietary frying oils. Am J Clin Nutr 2003; 78: 1092-7.

32 Stevenson SG, Vaisey-Genser M, Eskin NAM. *Quality control in the use of deep frying oils (Controlo de qualidade na utilização de óleos de fritura).* J Am Oil Chem Soc 1984; 61: 1102-8.

33 Sikorski ZE, Kolakowska A, eds. Chemical and Functional Properties of Food Lipids. Reino Unido: CRC Press, 2002.

34 Totani N, Ohno C, Yamaguchi A. O óleo de fritura dos alimentos fritos é seguro? J Oleo Sci 2006; 55: 449-456.

35 Wang Y, Ou S, Liu P, Xue F, Tang S (2006) Comparação de dois processos diferentes para sintetizar biodiesel a partir de óleo alimentar usado. J. Mol. Catal. A 252: 107112.

36 Ufheil G, Escher F. Dynamics of oil uptake during deep-fat frying of potato slices. Lebensmittel-Wissenschaft Technologie 1996; 29(7): 640-644.

Apêndice

Prato 1: Barraca de comida no Food Court Village

Prato 2: Local para comer no Food Court Village

Placa 3: Barracas de comida no Food Junction (perto da sala de exames)

Prato 4: Barraca de comida em Kompleks Perdana Siswa

Prato 5: Comida ocidental no Kompleks Perdana Siswa

Placa 6: Rio atrás da barraca de comida do kk7th residential college

Placa 7: Óleos alimentares residenciais e comerciais

Placa 8: Formulário do questionário

UNIVERSITI MALAYA

B. Sc. Env. Sci and Management (Islamic Studies)

Institute of Biological Sciences

Management of Waste Cooking Oil : A Preliminary Survey Form

< This survey is ONLY for Cafeterias in University Malaya >

Section A : General information

1) Gender : ( ) Male ( ) Female

2) Nationality : ( ) Malaysian ( ) Others ________________

3) Race : ( ) Malay ( ) Chinese ( ) Indian ( ) Others ______________

4) Age : ( ) <20 ( ) 20-25 ( ) 25-30 ( ) 30-35 ( ) 35-40 ( ) >40

Section B :

5) Type of food business ?
( ) Malay food ( ) Western food ( ) Fast food ( ) Others ______________

6) How long the cafeterias run their operation time ?
( ) 24 hours ( ) 12 hours ( ) 6 hours ( ) <3 hours

7) The volume of waste cooking oil consumed per day by cafetaria ?
( ) 10-20L ( ) 21-30L ( ) 31-40L ( ) 41-50L ( ) Others ______________

8) The frequencies of the oil being used repeatedly ?
( ) 1 ( ) 2 ( ) 3 ( ) >4

9) How the waste cooking oil was disposed ?
( ) Collected and thrown with normal waste ( ) Drainage/Sink ( ) Send for biodiesel company

10) Do you know that repeated used waste cooking oil may cause cancer ?
( ) Yes ( ) No ( ) Not sure

11) Is there any awareness programmes about waste cooking oil management that you participated in ?
( ) Yes ( ) No

12) Do you have any suggestions on how to improve waste cooking oil management cafetaria in Universiti Malaya ?
____

End of questionnaire. Thank you.